浙江省科协特色优质科普图书资助项目

”系列图书

—— 电小知科普馆 ——

小小电力安全员

浙江省电力学会　国网浙江省电力有限公司　组编

中国电力出版社
CHINA ELECTRIC POWER PRESS

院士寄语

亲爱的小读者：

非常荣幸向你们推荐《电小知科普馆》，这是一套向喜欢探索科学知识的小朋友们介绍电力能源知识的丛书。

电是一种自然现象，很早就为人类所发现。闪电就是人们最早发现的电。近代，科学家们根据电与磁的关系，发现了电的本质，揭开了电的奥秘，并通过不懈努力，最终实现了电的应用，带领人类进入了电气化时代。

《电小知科普馆》丛书以图文并茂、浅显易懂的方式将科学知识娓娓道来，帮助小朋友们学习了解生活中无处不在的电力知识。在首次出版的五册书中，明明一家跟随“电小知”乘坐时光机，回顾电的产生和发展历程，通过“医治”生病电器学会安全使用家用电器，了解外出游玩时要注意的用电安全风险，并通过参观能源商店认识了各种电池的神奇功能，踏上余村电力之旅，到最美乡村领略新时代电力发展。

电力带来光明，点亮生活，也催生了现代文明。展望未来，人类将继续推进对电的探索和应用。希望你们在“电小知”的带领下，一起揭开电力的神秘面纱，发现更多电力的奥秘与乐趣！

祝你们阅读愉快！

中国工程院院士
浙江工业大学校长

嗨！！！
我是电小知，
是来自未来的智能机器人。
我拥有聪明的大脑和环保的外壳，
喜欢科学，喜欢探索关于电的一切。
我们一家住在美丽的浙江杭州，
欢迎大家和我们一起开启奇妙的
电力之旅。

爸爸
39岁

成熟稳重、有责任心的男士

妈妈
38岁

温柔善良的女士

明明
13岁

热衷于探索世界、喜欢钻研问题的男孩子

靓靓
8岁

活泼可爱、聪明伶俐的小女孩

天气晴朗的周末，明明、靓靓和电小知去附近的电力科普公园里玩耍。

“你们看！有人在放风筝，我们一起去吧。”靓靓兴奋地说。

电小知摇头说：“不行，山坡上有电线杆，风筝线大多为尼龙绳，绝缘性能很差，如果缠到电线上很有可能引发触电，对人体造成伤害。放风筝要选择开阔、平坦的地方。”

这时，明明指着不远处的小湖边说："咦，这里明明写着'禁止钓鱼'，怎么还有人在这里钓鱼？"

电小知点点头："没错，钓鱼也要远离电线。鱼竿和鱼线的材质很多都是导电的，鱼线沾水后更危险。鱼线一旦接触电线，电流便顺着鱼竿对人体放电，会造成人员伤亡。"

禁止钓鱼

大家继续往前走，靓靓看到路边有小朋友正在攀爬变压器台架。
电小知赶紧过去制止：“柱上变压器的杆子和箱式变压器的围栏、遮栏都是重要的安全设施，它们可以保障人员或车辆与电力设施的带电部分保持足够的安全距离，避免发生触电等意外事故，所以我们一定不能攀爬或翻越！”
小朋友们点点头。

轰隆隆！轰隆隆！远处传来隐隐的雷声，天色也渐渐暗了下来，树叶也沙沙作响。

明明说："马上要下雨了，我们赶紧回家吧。"

雨渐渐下了起来。
靓靓说："我们去大树下躲会儿雨吧！"

电小知马上制止："不行！雷雨天的时候千万不能站在大树、烟囱、电线杆底下，非常危险，高耸或者凸出的物体是很容易遭受雷击的！"

明明说："我们还是去公园门口等爸爸吧。"

刚跑到公园门口，还未站定，只听见“哗啦”一声，对面的广告牌砸到了地上。

明明吓了一跳："危险！广告牌倒了，电线也被压断了！"

电小知说："别慌！我们先到安全的地方，再提醒其他人不要靠近。我马上拨打95598热线电话，请供电公司紧急处理！"

明明说："呀！电线掉在水里了。"

电小知说："电线掉落在地上或浸泡在水中，一定要尽量避开。如果实在避不开，我们可以采用双脚并拢或单脚跳的方式，迅速跳到安全的地带。"

靓靓问："要跳多远才可以呀？"

电小知说："那至少要8米才安全。"

电小知继续说："如果和刚才一样，碰到这种倒下的广告牌或者电线，你们一定要绕开。然后，及时拨打 95598 热线电话。万一看到有人触电倒在附近，还要第一时间拨打 120 急救电话。"

电力科普公园
国家电网
95598
力抢修

不一会儿，供电公司的抢修车就到了，电力工人们开始进行紧急抢修。

明明和靓靓看得正出神，爸爸到了。

电小知说："明明、靓靓，我们上车吧，注意避开脚下的积水，防止触电哦。"

回家的路上，电小知补充道：“像这种雷雨天气，雨可能会越下越大，地势低的地方就容易发生内涝，部分地区的供电就会受影响。为了我们的人身安全，电力工人们会到现场，选择合适的时间切断电源，主动停电避险。”

“等暴雨洪涝过后，电力工人会按照‘风停、水退、人进、电通’的原则进行检查、抢修，很快就能恢复供电。”

终于到家了。

刚进门，靓靓就迫不及待地想打开电视机。

电小知急忙制止说：“雷雨天先别看电视啦，虽然现在的智能电视内有防雷击的设计，但安全起见还是先别打开，以免它被雷击损坏哦。”

明明问："那家里的智能音响和其他的智能家电也会受影响吗？"

电小知说："那要看具体的线路有没有相应的防雷措施。在我们这种住宅小区，一般都有防雷接地系统，但如果在乡村等居住比较分散的地方，还是建议选择带有防浪涌模块的插排或者有防雷功能的电源插头。"

明明忍不住问："触电真有这么可怕吗？"

电小知说："那当然啦！人触电后，电流可能流过人体的内脏器官，导致心脏、呼吸和中枢神经系统机能紊乱，造成不同程度的电灼伤！严重的甚至危及生命呢！"

靓靓说："太可怕了！我们一定要小心！"

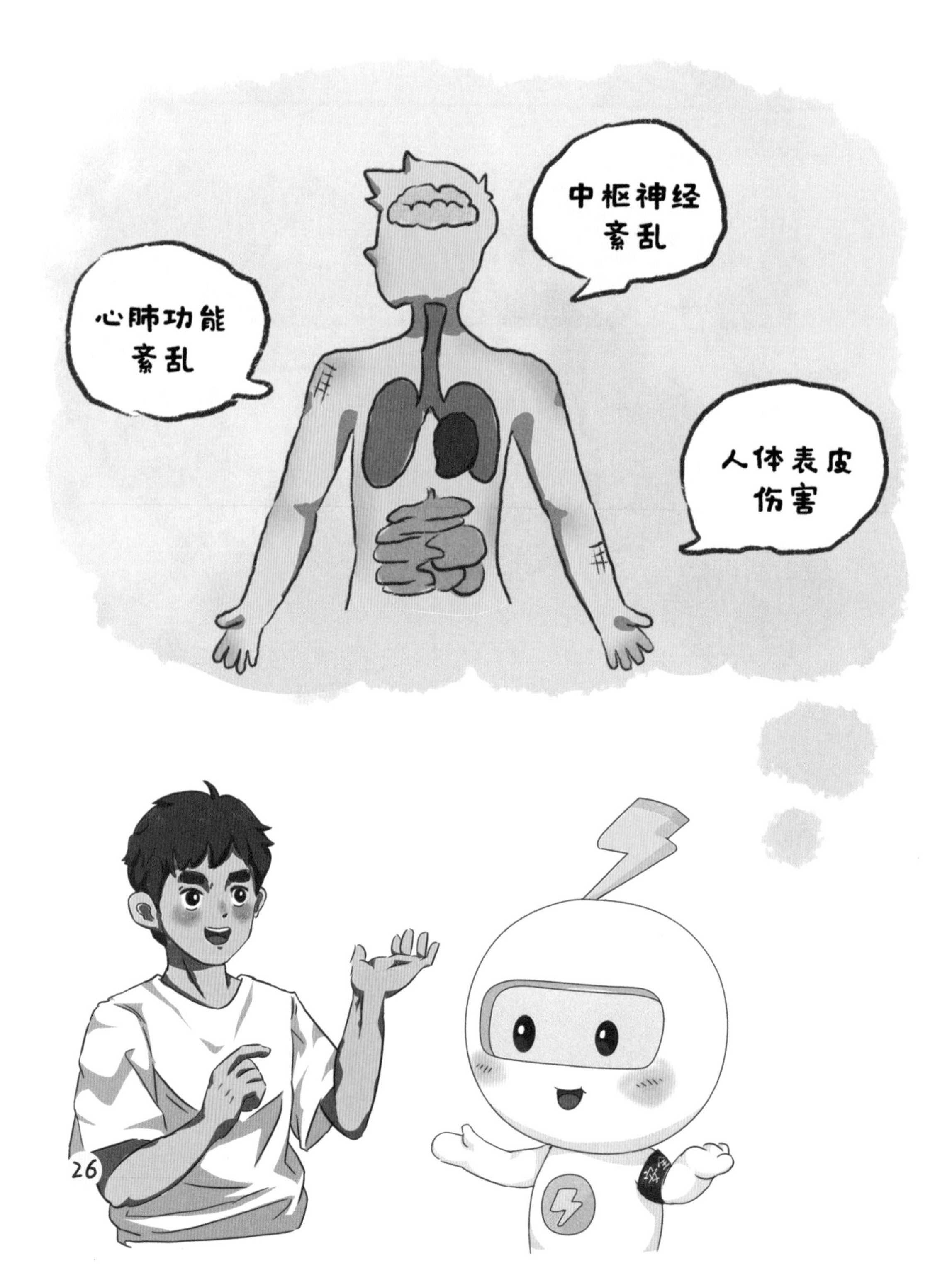

明明问：“万一触电了，我们该怎么办？”

电小知说：“触电后，要进行正确的触电急救。下周末我们一起去红十字会医院学习一下吧！”

触电急救早知道

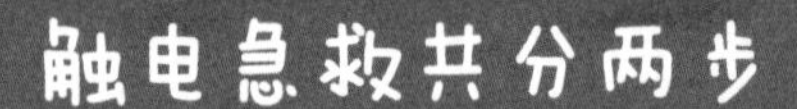

第一步：使触电者迅速脱离电源

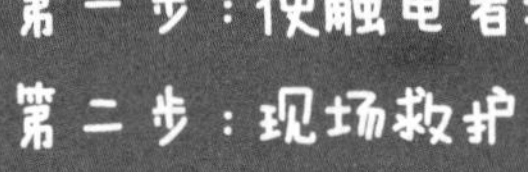

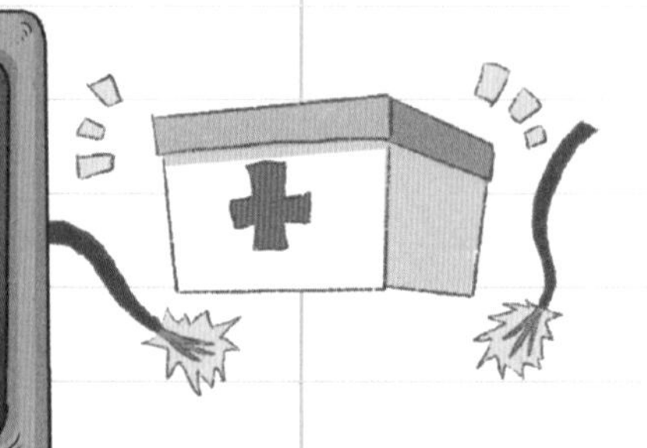

第一步：使触电者迅速脱离电源

发生触电事故时，切不可惊慌失措，要立即使触电者脱离电源。电流强度越大，致命危险越大；持续时间越长，死亡的风险越大。

当通过人体的电流达到 0.7 毫安时，就会引起人的感觉。

当达到 10 毫安时，就会引起危险。

当达到 50 毫安时，1 秒内就会发生死亡的危险。

脱离电源的方法：“拉”、“切”、“挑”、“拽”、“垫”

拉 指就近拉开电源开关。

切 当电源开关距触电现场较远或断开电源有困难时，可用带有绝缘柄的工具切断电源线。切断时应防止带电导线断落触及其他人。

挑 当导线搭落在触电者身上或压在身下时，可用干燥的木棒、竹竿等挑开导线，或者用干燥的绝缘绳套拉导线或触电者，使触电者脱离电源。

拽 救护人员可戴上手套或在手上包缠干燥的衣物等绝缘物品拖拽触电者，使之脱离电源。

垫 如果触电者由于痉挛，手指紧握导线，或者导线缠在身上，可先用干燥的木板塞进触电者的身下，使其与地绝缘，然后再采取其他办法切断电源。

此外：

应防止触电者脱离电源后出现摔伤事故。

未采取绝缘措施前，救护人不得直接接触触电者的皮肤。

救护人不得使用金属和其他潮湿的物品作为救护工具。

注意事项

使触电者与导电体脱离时，最好用一只手进行，以防救护人触电；

夜间发生触电事故时，应解决临时照明问题，以利救护。

第二步：现场救护

触电者脱离电源后，**应立即就近移至干燥通风处**，再根据情况进行现场救护，同时**拨打 120 急救电话**，通知医务人员到现场。

根据触电者受伤害的轻重程度，现场救护可用如下办法：

1. 若触电者呼吸和心跳均未停止，应让触电者就地躺平，安静休息，不要走动，以减轻心脏负担，并严密观察呼吸和心跳的变化情况。
2. 若触电者心跳停止、呼吸尚存，则对触电者做**胸外按压**。
3. 若触电者呼吸停止、心跳尚存，则对触电者做**人工呼吸**。
4. 若触电者呼吸和心跳均停止，按**心肺复苏方法进行抢救**。

注意事项

救护人员应在确认触电者已与电源隔离，且救护人员本身所涉环境安全距离内无危险电源时，再接触伤员并进行抢救。

在抢救过程中，不要为方便而随意移动伤员。

● 如确需移动，应使伤员平躺在担架上，并在其背部垫以平硬阔木板，不可让伤员身体蜷曲着进行搬运。移动过程中应继续抢救。

在施行心肺复苏术前，要解开伤员的衣扣及裤带，以免引起内脏损伤。

人工呼吸时吹气量不能过大，胸廓稍有起伏即可，一般是在1200mL 以内。吹气时要观察伤员的气道和胸廓，控制好吹气力度。胸外按压只能用于心跳停止的伤员，当伤员恢复心跳时立即停止按压。人工呼吸与胸外按压的比例是 30：2，任何一项过多都会影响效果。

一张图学会心肺复苏

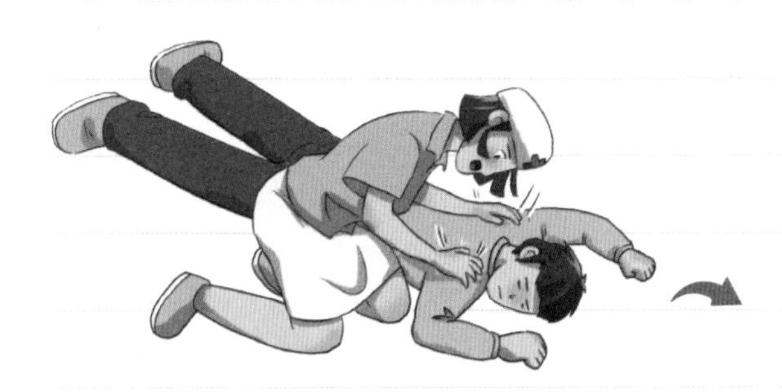

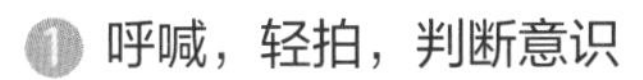

① 呼喊，轻拍，判断意识

② 呼救并使患者仰面平躺

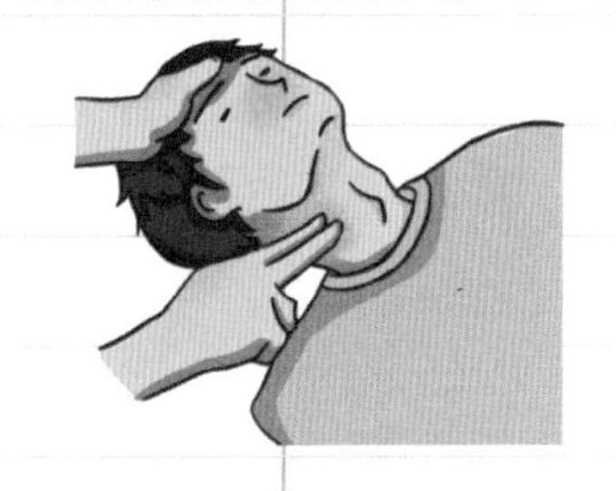

③ 判断脉搏呼吸

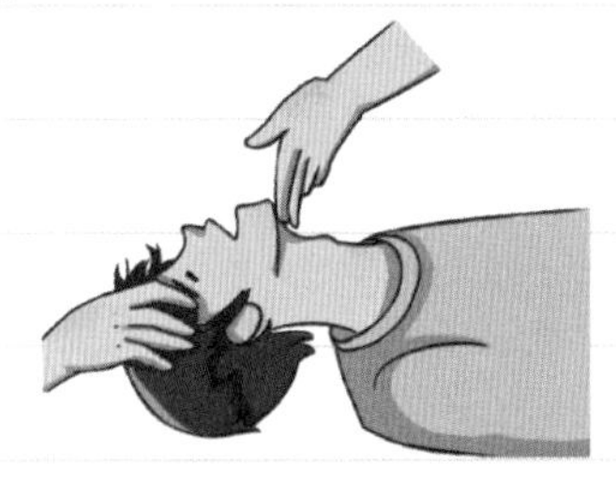

④ 开放气道，清理口腔内分泌物

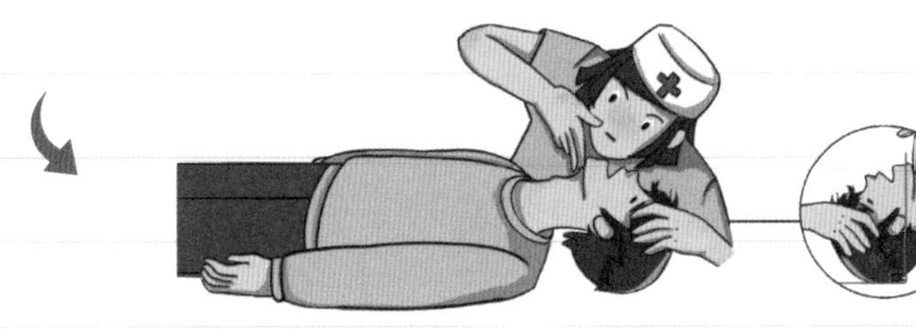

⑤ 人工呼吸

- 手掌根部下压额部，另一手食指、中指抬起颈部，使耳垂与地面垂直。

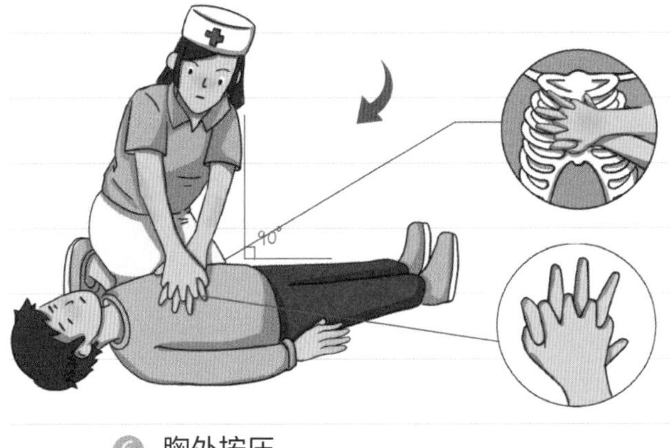

⑥ 胸外按压

- 双手掌叠放，按压于两乳头连线中点，频率为 100 ～ 120 次 / 分，按压深度 5 ～ 6 厘米。
- 将右手掌根部放于左手手背上方，双掌根重叠，十指相扣。

第三册《小小电力安全员》编写组

文　字　黄　翔　吴侃侃　楼　斐　叶丽雅

毛建平　叶　臻　叶劲松　徐博一

绘　画　张　鹏　孙　婷·孔贝贝　邹雨诺

图书在版编目（CIP）数据

小小电力安全员 / 浙江省电力学会，国网浙江省电力有限公司组编. —北京：中国电力出版社，2023.12

（电小知科普馆）

ISBN 978-7-5198-8488-8

Ⅰ. ①小… Ⅱ. ①浙… ②国… Ⅲ. ①安全用电－儿童读物 Ⅳ. ①TM7-49

中国国家版本馆CIP数据核字(2023)第247142号

出版发行：中国电力出版社
地　　址：北京市东城区北京站西街 19 号（邮政编码 100005）
网　　址：http://www.cepp.sgcc.com.cn
责任编辑：张运东　王蔓莉（010-63412791）
责任校对：黄　蓓　朱丽芳
装帧设计：张俊霞
责任印制：石　雷

印　刷：北京盛通印刷股份有限公司
版　次：2023 年 12 月第一版
印　次：2023 年 12 月北京第一次印刷
开　本：787 毫米 ×1092 毫米　16 开本
印　张：2.25
字　数：16 千字
印　数：0001—5000 册
定　价：15.00 元